鸟类图典

孙雪松 编著

化学工业出版社
·北京·

图书在版编目（CIP）数据

鸟类图典 / 孙雪松编著． -- 北京 ： 化学工业出版
社，2025. 9. -- ISBN 978-7-122-48536-6

Ⅰ．Q959.7-64

中国国家版本馆 CIP 数据核字第 2025ST8239 号

责任编辑：龙　婧　　　　　　　　　　文字编辑：杨永青　张熙然
责任校对：张茜越　　　　　　　　　　装帧设计：史利平

出版发行：化学工业出版社
　　　　　（北京市东城区青年湖南街 13 号　邮政编码 100011)
印　　装：北京瑞禾彩色印刷有限公司
889mm×1194mm　1/20　印张 6　字数 20 千字
2025 年 10 月北京第 1 版第 1 次印刷

购书咨询：010-64518888　　　　　　售后服务：010-64518899
网　　址：http://www.cip.com.cn
凡购买本书，如有缺损质量问题，本社销售中心负责调换。

定　　价：39.80 元

前言

　　鸟是人类的朋友，是自然界的精灵。它们已经在地球上生活了上亿年，比人类要"资深"很多。这些生灵或藏身于丛林里，或翱翔于天空中，或者筑巢于高山巅，世界各地都有它们的身影。鸟类的模样也是千奇百怪，有的羽毛靓丽，有的长着尖尖的喙，有的胖乎乎的不会飞，个头也是有大有小……每一种鸟都有各自的特点与故事。因为有了它们，自然界更加生机勃勃，充满了色彩与惊喜。

　　《鸟类图典》用深入浅出的文字、精致唯美的手绘插图，带小读者走进缤纷多彩的鸟类世界。在这里，有优雅的白鹭、凶悍的苍鹰、多彩的极乐鸟，还有活跃在我们身边叽叽喳喳的麻雀、憨态可掬的大鹅……这里精彩纷呈、多姿多彩。还等什么，快来和我们一起去探索吧！

目 录

鸟儿的祖先竟是它

你也许不相信，鸟儿的祖先很可能是生活在亿万年前的恐龙。没错，就是那些曾经称霸地球的动物。据研究，鸟类起源于一支兽脚类恐龙，它们的体形经过一代一代演变，最终进化为能够自由飞翔的鸟儿。

长有羽毛的恐龙可能是恐龙向鸟类演化的中间类型。

一些恐龙已经可以利用翅膀进行滑翔

一些恐龙身上长有羽毛，和鸟类的飞羽差不多

一些恐龙的爪子和鸟类有些相似

长长的尾羽

鸟儿的身体

你认真观察过鸟儿的身体吗？它们经过漫长的演化，形成了如今的模样，无论是翅膀、羽毛，还是爪子、骨骼，鸟儿全身上下各个部分都是为了更好地生活而存在的。

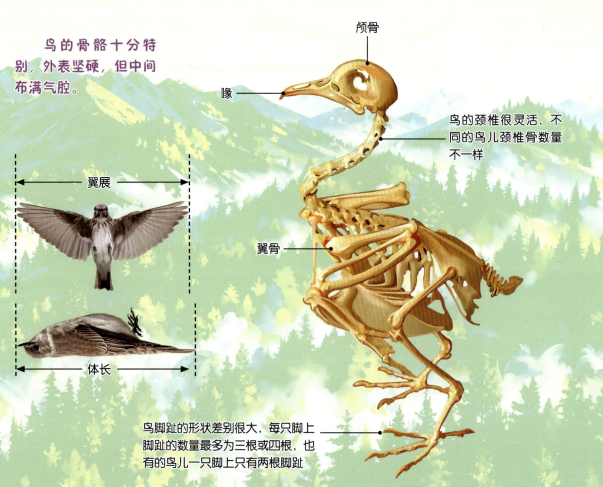

鸟的骨骼十分特别，外表坚硬，但中间布满气腔。

颅骨

喙

鸟的颈椎很灵活，不同的鸟儿颈椎骨数量不一样

翼展

翼骨

体长

鸟脚趾的形状差别很大，每只脚上脚趾的数量最多为三根或四根，也有的鸟儿一只脚上只有两根脚趾

鸟儿的身体被层层羽毛覆盖

鸟类的眼睛长在头部两侧，拥有开阔的视野

鸟爪可以用于攀树、行走或抓捕猎物

鸟儿身上有不同类型的羽毛。

正羽覆盖全身

绒羽长在正羽之下，蓬松柔软

纤羽很细，主要分布在鸟儿的眼部、喙部周围

各种鸟儿的爪

鸟儿多数靠喙觅食，因此不同的鸟儿，喙的形状也不同。

细长、向下弯曲的喙

短小、呈圆锥形的喙

尖锐的喙

攀禽爪

鸣禽爪

涉禽爪

细长而弯曲的喙

既宽又扁、边缘呈锯齿形的喙

坚硬、带钩的喙

游禽爪

猛禽爪

3

飞翔的秘密

　　飞翔是很多鸟儿的看家本领，但在天空自由飞翔并不是一件简单的事，这需要鸟儿身体各部分的相互协作才得以达成。

　　一双长满羽毛的翅膀是鸟儿飞翔的重要器官。翅膀上下扇动，鼓动气流，就会产生飞行的力量。

　　鸟儿的翅膀各不相同，有的宽大，有的狭长……它们的飞翔能力也大相径庭，有的能飞得很高很远，有的则以速度取胜……

鸟儿翅膀上的飞羽比较长，可以在飞行中产生升力和推力

体羽可以减小飞行时的阻力

尾羽在鸟儿飞行时能起到掌舵、平衡的作用

中空的骨骼减轻了鸟的体重，让鸟儿能更好地飞翔

发达的胸肌可以牵动翅膀，提供飞行动力

鸟生来自带气囊，可以在飞行时帮助鸟儿散热、呼吸等

肺

海鸟世界

银鸥

银鸥是鸥科鸟类的一种，它们喜欢成群结队地在近海飞行、捕食。银鸥不挑食，除了鱼、虾等，也吃腐肉和人类扔弃的残羹剩饭，它们也因此被称作"海滨清道夫"。

鸟类档案

体 长	58~66 厘米	
栖息环境	沿海、江河流域	
食 物	鱼、虾、螺等	

在不同的天气，海上的银鸥会做出不同的行为，出海航行的人可以通过银鸥的行为判断天气变化。

银鸥的喙呈黄色，下喙有一个红色斑点

初级飞羽末端为黑色

脚具有蹼，呈粉红色

红嘴鸥

红嘴鸥又叫水鸽子，在海洋、湖泊、河流、水库等水域附近可以见到它们的身影。繁殖期时，红嘴鸥的羽毛会大变样，脑袋会变成黑褐色，就像戴了一个黑头套。

鸟类档案

体 长　约40厘米
栖息环境　海滨、湖泊等
食 物　鱼、昆虫等

红嘴鸥喜欢热闹，往往成群活动，因此它们活动的地方嘈杂而热闹。

红色的喙

夏季，头、颈部呈黑褐色；冬季，头上的羽毛则变成白色

背和翅上呈浅灰色

脚和趾呈红色，冬季时变为橙黄色，爪为黑色

北极燕鸥

北极燕鸥是鸟类迁徙距离最远的世界纪录保持者，它们每年都会在北极和南极之间往返，飞行距离超乎寻常。

鸟类档案

体	长	33~39 厘米
别	称	白昼鸟
食	物	鱼、磷虾等

北极燕鸥会利用星星、太阳角度、地球磁场等来为自己导航。

北极燕鸥的翅膀又窄又长

黑色的头顶

红色的长喙

黑剪嘴鸥

黑剪嘴鸥是海鸟中名副其实的"捕鱼异士"，它们有一个明显的特点：下喙比上喙长得多。因为这独特的喙，很多小鱼、小虾都难逃被捕食的命运。

头顶是黑色

黑剪嘴鸥捕食的动作像在水中"耕犁"

橙红色鸟喙，尖端黑色，下喙比上喙长

黑剪嘴鸥幼鸟

9

短尾信天翁

短尾信天翁主要生活在北太平洋海域，它们经常自由地遨游在海天之间，享受迎风飞翔的感觉。

鸟类档案

体 长	84~90 厘米
栖息环境	海洋
食 物	鱼、头足类等

在繁殖期，短尾信天翁会来到岛屿筑巢产卵

短尾信天翁可以借助风力在海上进行长距离滑翔。

短尾信天翁的头和颈为黄色

漂泊信天翁

漂泊信天翁体形很大，翼展很宽。巨大的翼展赋予了它出色的滑翔能力，漂泊信天翁也因此被称为"长翼的海上天使"。

鸟类档案

翼展	可达 3.7 米
栖息环境	海洋
食物	鱼、乌贼等

漂泊信天翁是一种非常专情的鸟类，奉行一婚一妻制

漂泊信天翁不仅擅长滑翔，还能潜水。

漂泊信天翁的喙呈粉红色

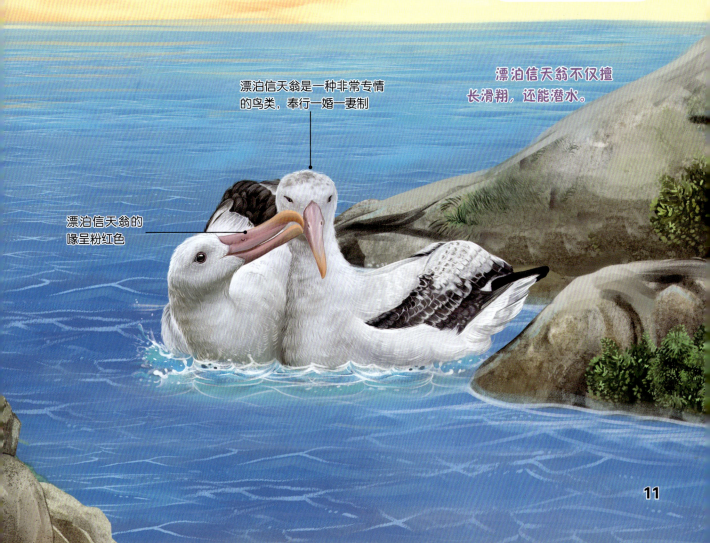

黄蹼洋海燕

黄蹼洋海燕是海燕家族中的小不点，它们常常成群地在海面低空飞翔，是杰出的飞行家。

鸟类档案

体 长	18~21 厘米
栖息环境	海洋
食 物	鱼、浮游生物等

黄蹼洋海燕常单独或结小群活动。

体羽主要呈黑褐色

腰及尾下覆羽为白色

带钩的喙

鹈鹕

　　夸张的鸟喙、大大的喉囊，这是很多人对鹈鹕的第一印象。鹈鹕的捕食技巧很突出，喉囊就是它们的最佳捕鱼武器。能够伸缩的喉囊伸入水中，瞬间变成"渔网"，大大提高了鹈鹕捕食的成功率。

鸟类档案

体	长	105～188 厘米
别	称	伽蓝鸟
食	物	鱼类等

下颌底部有大大的喉囊

鹈鹕的颈部可以弯曲成"S"形

上喙尖端向下弯曲

蓝脚鲣鸟

蓝脚鲣（jiān）鸟最明显的特点就是长了一双独特的蓝色大脚，就像穿了一双耀眼的蓝靴子。它们看上去呆头呆脑的，却是厉害的捕鱼高手。

繁殖期时，雄性蓝脚鲣鸟会抬起蓝色大脚左摇右摆，就像在跳"踢踏舞"。

头顶的羽毛由棕色与白色交杂而成

白色的胸部和腹部

蓝色的大脚上长着宽大的蹼

褐鲣鸟

褐鲣鸟的模样很有趣，它们褐色的羽毛就像一件合身的披风，裹住了它们的身体，唯独将白白的肚皮露了出来。

鸟类档案

体 长	64~74 厘米
栖息环境	海岸、海岛
食 物	鱼、乌贼等

褐鲣鸟翼展长 132 ～ 150 厘米

褐鲣鸟的喙长而尖

眼睛周围有裸露的皮肤

褐鲣鸟善于游泳和潜水。

15

弱翅鸬鹚

弱翅鸬鹚鸟如其名，它们的翅膀已经退化，不能飞行了。但能够弥补这一遗憾的是，弱翅鸬鹚非常善于潜水，这能够帮助它们顺利地捕捉到食物。

鸟类档案

体 长	89~100 厘米
栖息环境	海岛、海岸
食 物	鱼、海藻等

弱翅鸬鹚生活在厄瓜多尔的加拉帕戈斯群岛上。

弱翅鸬鹚的喙前端带钩

成年的弱翅鸬鹚眼睛呈蓝绿色

弱翅鸬鹚的翅膀很小

海鸬鹚

海鸬鹚的飞行能力一般，行走的动作也稍显笨拙，但一入水就会变得异常灵活，下潜、追捕样样拿手。

鸟类档案

别 名	乌鹈
栖息环境	海岸、河口
食 物	鱼、甲壳类等

海鸬鹚的喙细长

海鸬鹚的头颈部具有金属光泽

海鸬鹚的眼周、喉部皮肤裸露，呈暗红色

角嘴海雀

角嘴海雀的鸟喙就像一个夹子，能同时夹住很多条小鱼。夏天，它们的喙部就会出现一个三角形的突起，十分显眼。

鸟类档案

体	长	**32~38 厘米**
栖息环境		**海岸、海岛**
食	物	**小鱼、甲壳类等**

角嘴海雀擅长游泳和潜水。

白色丝状饰羽

三角形突起

角嘴海雀的喙一下子可以衔住很多条鱼

普通潜鸟

　　普通潜鸟广泛分布在北美洲，它们的形象还被印在了加拿大的货币上，赋予了特别的意义。普通潜鸟的颈间有黑白相间的条纹，如同造型别致的项链。

普通潜鸟对天气变化十分敏感。

酒红色的眼睛

脊背上是黑白相间的羽毛

普通潜鸟能把脖子弯成"S"形

黑喉潜鸟

黑喉潜鸟有着出色的潜水能力，每次潜水时长可达 90~120 秒。它们是捕鱼高手，既会潜水觅食，也会在水面追捕猎物。

鸟类档案

体长	约 72 厘米
栖息环境	海湾、河湖等地
食物	鱼、甲壳类等

黑色的尖长喙

颈部有纵向的条纹

黑喉潜鸟起飞时需要在水面助跑。如果遇到危险，它们会潜入水中逃跑。

胸口也有条纹装饰

黑喉潜鸟会把巢建在靠近水边的草丛里

军舰鸟

军舰鸟不但名字颇具威严，就连长相也十分霸气，不过它们常"打劫"其他海鸟的食物，被称为海上的"强盗"。

鸟类档案

别	称	海盗鸟
栖息环境		海岸、海岛等
食	物	鱼、软体动物等

军舰鸟没有防水羽毛，入水捕食对它们来说很危险。

军舰鸟胸肌发达，翅膀修长，飞行能力超群

雄性军舰鸟具有十分醒目的红色大喉囊

繁殖季节，雄鸟通过展示美丽的羽毛和膨大的喉囊来吸引雌鸟

鹲

　　鹲（méng）生活在热带海洋及岛屿附近，是一种漂亮的中大型海鸟。红嘴鹲和红尾鹲都是鹲鸟家族的成员，它们长着长长的尾羽，飞行姿态十分优美。

红嘴鹲有着红色的喙

红嘴鹲的尾羽是白色的

红尾鹲十分擅长飞翔。

红嘴鹲的身长（不包括尾羽）约50厘米

红尾鹲的尾羽是红色的

灰鹱

　　灰鹱（hù）是优秀的飞行家，每年迁徙时节，它们需要飞行六万多千米，相当于绕着地球飞行一圈半。不过，虽然擅长飞行，但灰鹱却不能优雅地起飞和降落，反而显得艰难又狼狈。

灰鹱一生大部分时间都在海面上活动、觅食。

翅膀窄而尖长

上喙尖端呈钩状

灰鹱属于中型海鸟。

黑雁

在北极的沿海地区和苔原地带，生活着一种名为黑雁的鸟儿。多数生活在海洋、水岸的鸟类都爱吃鱼、虾之类的食物，黑雁却有些不同，素食才是它们的最爱。

鸟类档案

体	长	56~70 厘米
别	称	北极黑雁
食	物	藻类、苔藓等

黑雁属于鸭科，和它的亲戚鸭子相比，黑雁拥有出色的飞行能力。

黑褐色的羽毛

颈部有白色横斑

翘嘴鹬

第一眼看到翘嘴鹬，你一定会注意到它长长的喙。它们的喙不仅长，还微微上翘，如此看来翘嘴鹬这个名字真是名副其实。

鸟类档案

体 长	22~25 厘米
栖息环境	沿海泥滩、沙滩等
食 物	蠕虫、甲壳类等

喙是翘嘴鹬觅食的好帮手。

翘嘴鹬常常单独或 2~3 只小群活动。

橙黄色的脚

黑色的喙长而上翘

喙基部是黄色的

25

蛎鹬

蛎鹬的身上披着黑白相间的羽毛，还长着长长的喙。它们常在沙滩上寻找食物，用喙将牡蛎、螃蟹等挖出来。

鸟类档案

体长	40~47 厘米
栖息环境	海滨沙滩等地
食物	软体动物、甲壳类等

红色的大眼睛

长长的喙

蛎鹬最喜欢的食物就是牡蛎，这从它们的名字中就可以得知。

头、颈、上胸和背部羽毛是黑色的

脚是淡红色的

贼鸥

在南极，有一种鸟被称为贼鸥。它们的名声不太好，常偷盗或抢夺其他鸟类的食物。不仅如此，贼鸥还不喜欢自己筑巢，而是驱赶其他海鸟，抢占它们的巢。

鸟类档案

体　长	约56厘米
栖息环境	海岸、苔原等地
食　物	鱼、小型鸟类等

贼鸥对食物不挑剔，鱼虾、鸟蛋、幼鸟、动物尸体都可以成为它的食物。

黑色的喙前端有钩

贼鸥的羽毛颜色较为朴素，以黑灰色和棕褐色为主

27

绒鸭

在冰雪覆盖的北极生活着一种鸟类，它们浑身圆滚滚的，像个大绒球，看上去十分可爱，这就是绒鸭。

鸟类档案

体 长	45~60 厘米
栖息环境	北极海岸
食 物	甲壳类等

绒鸭幼鸟

绒鸭宝宝破壳不久，就能跟着妈妈到海里游泳、潜水。

绒鸭的绒毛非常细致柔软

白鞘嘴鸥

白鞘嘴鸥全身雪白，长得圆圆胖胖的，模样有些像鸽子。它们不挑食，海藻、鸟粪、鸟蛋、幼鸟、动物尸体等都吃，有时还会捡食考察站的垃圾，因此白鞘嘴鸥也被称为"南极的清道夫"。

鸟类档案

栖息环境	南极海岸
食物	鱼、虾等

白鞘嘴鸥虽能飞翔，但大多数时间都在地面上搜寻食物。

全身雪白的羽毛

喙基部有疣状突起

白鞘嘴鸥的脚上没有蹼

金丝燕

金丝燕生活在热带、亚热带的海岛上，它们在海岸的悬崖或洞穴里筑巢。金丝燕的唾液黏性非常高，它们的巢穴便是用羽毛、苔藓或海藻等混合唾液胶结而成的。而金丝燕的巢穴，便是大名鼎鼎的"燕窝"。

金丝燕是雨燕科的成员。

翅膀尖而长

金丝燕喜欢群居。

黑色的羽毛泛着蓝色光泽

金丝燕的巢穴

厚嘴海鸦

　　黑黑的"外套"，白白的肚皮，远远看去还以为是企鹅，但是这些鸟儿生活在北极附近，和企鹅一南一北。其实，它们的名字叫厚嘴海鸦。

鸟类档案

体长	40~48 厘米
栖息环境	海岸、悬崖、海岛
食物	鱼类等

海鸦可以依靠快速扇动翅膀飞翔

厚嘴海鸦在海岸的悬崖上筑巢。

厚嘴海鸦十分擅长游泳

厚嘴海鸦的身体黑白分明

海鹦

海鹦长得漂亮又可爱，它们的个头不大，身体的羽毛分为黑白两色，大大的鸟喙上就有灰蓝、橙、红多种颜色，十分艳丽。

海鹦是冰岛的国鸟。

海鹦的喙可以一下子衔住很多条小鱼

海鹦的眼睛不大，眼睛周围还像"画了眼线"

橘红色的脚

水岸精灵

白鹭

白鹭身体修长，全身披着洁白如雪的羽毛，亭亭玉立地站在湖边，低头浅啄，姿态十分优雅。

白鹭也被称为白鹭鸶。

繁殖期，白鹭的头上才会生长出美丽的辫羽

白鹭有一双长腿

34

苍鹭

　　苍鹭正在觅食，它们缩着细细的脖子，一动不动地站在池塘边上，颇像静坐垂钓的老人。倘若有小鱼群经过，苍鹭就会找时机，迅速伸出那长长的脖子，用大喙一口啄住鱼儿。

　　为了吃到食物，苍鹭可以等上很久，人们也叫它"老等"。

鸟类档案

别名	青庄、老等
栖息环境	河湖、沼泽等
食物	小鱼、蛙类等

枕羽像两条小辫子

苍鹭振翅飞翔

苍鹭身上的羽毛是青灰色的

苍鹭身材修长

翠鸟

翠鸟平时以小鱼为主要食物，它们的捕鱼本领很强。瞧，一只翠鸟正栖息在水边的岩石上，等待捕食的时机。突然，它发现了猎物的身影，立刻张开翅膀，贴近水面飞行，然后趁着鱼儿不注意，一头扎进水里，迅速地捕捉到了猎物。

翠鸟的羽毛颜色十分漂亮，闪耀着蓝绿色的光泽

翠鸟常常单独活动

翠鸟的视力十分敏锐

翠鸟的捕鱼本领很强，也被称为"钓鱼郎"。

翠鸟的眼球上有一层透明的瞬膜，可以在其入水后保护眼睛。

翠鸟的喙长而有力

鸟类档案

体 长	约 15 厘米
栖息环境	河湖、池塘等
食 物	小鱼、虾等

翠鸟通常会在水面附近的土坡或河岸沿壁上挖掘洞穴筑巢。

37

丹顶鹤

丹顶鹤在古代被认为是"仙鹤"，它们生活在沼泽或湿地中，被誉为"湿地之神"。丹顶鹤的头顶有一抹显眼的红色，这也是它名字的由来。

丹顶鹤的叫声高亢洪亮。

丹顶鹤的头顶之所以呈现出红色，是因为那里没有羽毛，毛细血管露在外面，才呈现出鲜红的颜色。

丹顶鹤在追求伴侣时，会展示自己的舞姿

黑色的颈部

丹顶鹤身上的羽毛
是黑白两色

丹顶鹤往往成
对或成群活动。

丹顶鹤的腿很长，呈灰黑
色，它们还可以单腿站立

鸿雁

鸿雁喜欢集体生活，常成群活动。每到迁徙季节，能看到成百上千只的鸿雁从天空飞过，它们还会排成有序的队伍呢。

鸟类档案

体	长	**81~94 厘米**
栖息环境		**开阔平原、湿地等**
食	物	**植物叶、种子等**

雄鸟的喙基部有疣状突起

喙为黑色

头顶到后颈是暗棕褐色

鸿雁十分擅长游泳

鸿雁活动在草原上水草丰茂的地方。

白额雁

白额雁是鸿雁的亲戚，它们的身形有点儿像。迁徙时节，白额雁和鸿雁还常会聚在一起觅食、休息。想要区分它们，可以观察一下鸟儿的"脑门儿"，白额雁"雁如其名"，额头是白色的。

鸟类档案

体长	64~80 厘米
栖息环境	沼泽、湖泊等
食物	植物嫩芽、茎等

棕黑色的羽毛

额和上喙基部有白色的带状斑

白额雁飞行能力很强，迁徙距离远，消耗的体力也比较大。所以在迁徙时，它们每飞行一段距离，就会找一个水草丰茂的地方休息。

疣鼻天鹅

疣（yóu）鼻天鹅的前额有一块瘤疣状突起，它们因此得名。疣鼻天鹅安静地在湖泊、湿地中遨游，头微微低垂，看上去恬静优雅。

鸟类档案

体长	125~160 厘米	
栖息环境	湖泊、沼泽等	
食物	水生植物、鱼虾等	

脖颈细长，可以弯曲成"S"形

喙基为黑色

喙为红色

疣鼻天鹅很少发声，因此也被称为"无声天鹅"。

大天鹅

大天鹅羽毛雪白，脖颈细长，在池塘中嬉戏、觅食，十分优雅。它们每年都会迁徙，可以在数千米的高空飞行，甚至还能飞越珠穆朗玛峰。

鸟类档案

科	属	鸭科天鹅属
别	称	黄嘴天鹅
食	物	水生植物等

大天鹅的叫声十分洪亮。

蹼、爪为黑色

上喙基部呈黄色，喙端呈黑色

飞翔时，颈向前伸展

大天鹅喜欢群居，多数时间成群活动。

43

鸳鸯

水岸边，两只鸳鸯正悠然漫步。这两只鸳鸯一雄一雌，相携而行，还会相互梳理羽毛，看上去十分亲密。

鸟类档案

体 长	38~45 厘米
栖息环境	湖泊、沼泽等
食 物	植物、鱼等

鸳鸯常出双入对，在古代被认为是爱情的象征。

雌性鸳鸯的羽毛以灰褐色为主

雄性鸳鸯的羽毛更加华丽

鸳鸯的飞行能力很强，也很擅长游泳和潜水。

小黑鸬鹚

小黑鸬鹚是捕鱼能手，它们在捕食之前会先站在水边的岩石或树上观察一会儿，只有发现水中有鱼儿出没，才会下水捕猎。

鸟类档案

| 栖息环境 | 湖泊、池塘等 |
| 食物 | 鱼、甲壳类等 |

·小黑鸬鹚潜水上岸后，需要晾干翅膀。

钩状喙

小黑鸬鹚的羽毛在阳光下泛着金属光泽

小黑鸬鹚的游泳、潜水能力很强

大苇莺

湿地中的芦苇荡中，大苇莺在芦苇丛间飞来跳去，有时会飞到芦苇顶上高声鸣叫，声音十分动听。

大苇莺性情十分机警。

大苇莺体形小巧

眼睛上方有眉纹

大苇莺会在芦苇丛中建造巢穴。

夜鹭

夜鹭是捕鱼高手，而且十分聪明。它们在捕鱼之前，会先向水里扔个野果或其他"鱼饵"，然后静静地在岸上等待。当鱼儿禁不住诱惑游过来查看"诱饵"时，夜鹭就会迅速冲到水中实施抓捕。

鸟类档案

体	长	**46~60 厘米**
栖息环境		**溪流、水塘等**
食	物	**鱼虾、水生昆虫幼虫等**

辫子一样的饰羽

墨蓝与白色相间的羽毛

尖细的喙

夜鹭常在清晨、黄昏或夜晚活动。

黄色的趾爪

47

紫水鸡

紫水鸡的外形十分亮眼，拥有艳丽的羽毛、修长的双腿，被很多人认为是最美的水鸟。

鸟类档案

体 长	40~45 厘米
栖息环境	湖泊、沼泽等
食 物	昆虫、水草等

身体的羽毛是蓝紫色的

喙呈鲜艳的红色

紫水鸡常在清晨或黄昏觅食。

紫水鸡爱热闹，喜欢成群活动。

东方白鹳

东方白鹳数量稀少，被称为"鸟中大熊猫"。它们常常迈着大长腿行走在湿地或浅水中，姿态十分优雅。

鸟类档案

体长	110~150 厘米
栖息环境	沼泽、湿地等
食物	鱼、蛙、田鼠等

东方白鹳常单独或成对活动。

东方白鹳的喙呈黑色，长而粗壮

眼睛周围因皮肤裸露而呈朱红色

东方白鹳的腿很长，脚上有蹼，呈红色

49

绿头鸭

绿头鸭喜欢在水中游泳、嬉戏。觅食时，它会一头扎进水里，翘起尾巴，用扁扁的喙去啄食水草。

鸟类档案

体 长	50~62 厘米
栖息环境	湖泊、河流
食 物	植物、贝类等

绿头鸭有悠久的驯养历史。一部分绿头鸭逐渐演化成家鸭。因此，绿头鸭被认为是家鸭的祖先。

绿头鸭的飞行能力很强。

绿头鸭的外形和家鸭很像

雄鸟的头和颈呈绿色

白色的领环

火烈鸟

  远远看去，火烈鸟就像一团燃烧着的烈火，它们也因此而得名。其实，它们刚出生时羽毛并不是红色的。原来，火烈鸟吃的食物中含有大量类胡萝卜素（包括虾青素、角黄素、β - 胡萝卜素等），这些色素被吸收后沉积在羽毛中，使火烈鸟的羽毛变成了红色。

鸟类档案

别 称	红鹳
栖息环境	盐湖、沼泽
食 物	藻类、水生昆虫等

上喙中部凸出

火烈鸟有长长的脖子

火烈鸟十分擅长单腿站立

燕千鸟

燕千鸟的个头小巧，喙又细又长，经常飞到鳄鱼的嘴里帮其清理牙缝中的食物残渣，鳄鱼也会配合着张大嘴巴，不会伤害燕千鸟。

鸟类档案

体 长	15~20 厘米
栖息环境	河岸、湿地
食 物	蠕虫、昆虫等

鳄鱼和燕千鸟是互惠共生的关系。

羽毛由黑、白、灰、黄几种颜色组成

林中掠影

啄木鸟

"笃，笃，笃……"啄木鸟正用它的喙一下一下地啄着大树。啄木鸟的喙可厉害了，不仅能把树皮啄开，还能插进坚硬的树干内部。

鸟类档案

称誉 **森林医生**

食物 **昆虫及其幼虫**

啄木鸟的舌头前端有小钩，可以从树洞中掏出虫子。

喙直直的、尖尖的，而且十分坚硬

啄木鸟在树洞中筑巢

脚趾可以牢牢地抓住树干

蜂鸟

蜂鸟的个头非常小，是世界上最小的鸟类之一。它们拥有高超的飞行技术，可以在空中快速地扑打翅膀，不仅能上下垂直起落，还能倒着飞，甚至可以在空中悬停。

鸟类档案

栖息环境 **雨林等地**

食　物 **花蜜、昆虫**

蜂鸟的翅膀每秒可以拍打 80 次

蜂鸟的眼睛能分辨多种颜色

蜂鸟的羽毛色彩斑斓

蜂鸟的喙又尖又细且相对较长，方便插入花中采食

蜂鸟的胃口很大，毕竟快速地挥动翅膀十分耗费体力。

55

杜鹃

杜鹃是重要的益鸟，食物以害虫为主，能有效地控制虫害。不过，杜鹃妈妈有一个很不好的习惯，它会把蛋产到其他鸟的巢里，让其他鸟儿帮助自己喂养幼鸟。

鸟类档案

别 称　子规

栖息环境　林地等

食 物　昆虫

杜鹃家族中的"四声杜鹃"叫声是"快快割麦"或"光棍好苦"。

背部羽毛为褐色

杜鹃的趾爪十分强健

杜鹃的性情十分机警。

56

极乐鸟

很多鸟儿都有着美丽的羽毛，若要评选最美的鸟，极乐鸟一定名列前茅。雄性极乐鸟的羽毛斑斓耀眼，还有华丽的饰羽，美丽的外表令人赞叹。

鸟类档案

体长	16~100 厘米
别称	风鸟
食物	果实、昆虫等

羽毛艳丽华美

大极乐鸟

新几内亚极乐鸟

繁殖季节，雄性极乐鸟会
通过跳舞来展示自己的羽毛，
以吸引雌性。

巨嘴鸟

巨嘴鸟有一张巨大的喙，有些种类的喙几乎和身体一样长。巨嘴鸟的喙不仅大，还很漂亮，色彩艳丽得仿佛一件精美的艺术品。

鸟类档案

别 称	鵎鵼（tuó kōng）
栖息环境	雨林等地
食 物	浆果、昆虫等

虽然巨嘴鸟的喙很大，但其内部有很多空腔，所以这个大嘴重量很轻

巨嘴鸟进食时，会先用喙尖把食物啄住，再仰起脖子把食物抛起来，然后张开大嘴，准确地将食物接入喉咙里。

巨嘴鸟的喙表面有角质层

红交嘴雀

如果你见到了红交嘴雀，一定会惊讶，因为它们的喙长得真是太奇怪了！其他鸟儿的喙都能紧密闭合，可红交嘴雀的喙竟然是相互交叉的，这在鸟类中极为罕见。

鸟类档案

体　长	**14~17 厘米**
栖息环境	**针叶林等地**
食　物	**植物种子**

交叉弯曲的喙是天然的"松子钳"，能轻松撬开针叶树球果的鳞片，取食内部的种子。

上下喙反曲交叉

雄鸟的羽毛主要为砖红色

翅膀和尾巴为黑褐色

乌鸫

乌鸫（dōng）和乌鸦长得有点儿像，都是身披黑色的羽毛。但与乌鸦粗嘎的叫声不同，乌鸫的鸣声嘹亮，还会模仿其他鸟儿的叫声。

鸟类档案

体	长	21~29 厘米
别	称	百舌鸟
食	物	昆虫、果实等

黄色的喙　黄色的眼圈

乌鸫的环境适应性强，森林、果园或城市中都能见到。

乌鸫全身羽毛呈黑色

伯劳

别看伯劳的个头不大，性情却非常凶猛。它们目光敏锐、飞行速度快，眼部黑色区域的形状像漫画里侠客蒙面的黑布，宛如鸟类世界的"武林高手"。

鸟类档案

别	称	屠夫鸟
栖息环境		林地、灌木丛等
食	物	昆虫、蛙等

伯劳爱吃昆虫，是农林益鸟。

喙尖锐，还像鹰的喙一样带着钩

爪子十分锋利

61

戴胜

戴胜喜欢在林地、山区、平原、耕地、果园等地生活。它们有些"懒"，不爱打扫卫生，特别是到了繁殖季节，它们的巢穴又脏又臭，天敌们都不愿靠近，因此戴胜也被称为"臭姑姑"。

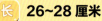

鸟类档案

体长		26~28 厘米
别称		山和尚
食物		昆虫

漂亮的棕栗色羽冠

翅膀和背部有黑白分明的横纹

戴胜会在树洞中筑巢

戴胜的喙细细长长，非常尖锐

园丁鸟

园丁鸟是鸟类家族中相当有名的"建筑师"。繁殖季节一到，雄性园丁鸟便会精心地修筑"求爱小屋"，还用贝壳、花朵、羽毛等来装饰自己的"豪宅"。

鸟类档案

体 长	27~33 厘米
食 物	浆果、昆虫等

园丁鸟的巢主体是用树枝、草等植物材料建造的。

园丁鸟主要生活在澳大利亚、新几内亚等地。

雄鸟蓝色的羽毛在阳光下闪耀着金属光泽

雌鸟的羽毛以暗绿色为主

红嘴相思鸟

红嘴相思鸟站在树上，不时地抖动翅膀、放声鸣叫，它们的叫声婉转动听，十分悦耳。

鸟类档案

体长	13~16 厘米
栖息环境	山林、灌木丛等
食物	昆虫

喙为赤红色

羽毛很艳丽，背羽呈橄榄绿色

红嘴相思鸟的雌鸟和雄鸟通常形影不离。

鹩哥

　　鹩哥是鸟类中的"歌唱家"，它们的叫声清脆多变。若经过训练，鹩哥还能模仿人说话的声音和环境的声音呢。

鸟类档案

体长	23~28 厘米
别称	秦吉了
食物	昆虫、果实

脑后有橘黄色的肉垂

鹩哥通体呈黑色，泛着蓝紫色光泽

黄色的脚

知更鸟

知更鸟个子小巧，外形十分可爱。它们穿梭在树林之中，时而在地上跑跑跳跳，非常活泼。

鸟类档案

别 称	欧亚鸲（qú）
栖息环境	林地、灌木丛等
食 物	昆虫、浆果等

知更鸟会在清晨鸣叫，叫声像古代通知时辰的更夫报时，这便是知更鸟名字的由来。

体形不大，与麻雀差不多

锥形的喙

自脸部到胸部都是红橙色

知更鸟是英国的国鸟。

绿背山雀

绿背山雀俏皮活泼，它们的叫声响亮，常在枝叶间跳跃穿梭，啄食叶片间的虫子。

鸟类档案

体	长	**10~13 厘米**
栖息环境		**森林、灌木丛等**
食	物	**昆虫及其幼虫**

山雀家族的成员体形普遍较小，性情十分活泼，绿背山雀就是成员之一。

上背呈黄绿色

脸颊有椭圆形白斑

黄鹂

树干上，一抹明艳的黄色映入眼帘，这是一只黄鹂。黄鹂是大自然的"歌唱家"，它们的身影和鸣叫常出现在古人的诗句中，比如杜甫的"两个黄鹂鸣翠柳，一行白鹭上青天"，或是王维的"漠漠水田飞白鹭，阴阴夏木啭黄鹂"。

鸟类档案

体 长 22~26 厘米
别 称 黄莺
食 物 昆虫

眼周到枕部有黑纹

喙为粉红色

古人把黄鹂的鸣叫称为"莺歌"。

翼部和尾部的羽毛黄黑相间

因它一身鲜黄羽毛，黄鹂被唐明皇称为"金衣公子"。

珠颈斑鸠

珠颈斑鸠也叫"野鸽子""花斑鸠"，如果忽略体色，它们的身形有些像鸽子。

鸟类档案

体长	27~34 厘米
栖息环境	草原、林地等
食物	种子、果实、昆虫

头顶为淡灰色

颈侧的黑色斑块上满布白点，如同珍珠一般，这便是它名字的由来

脚为红色

凶悍猛禽

白腹海雕

白腹海雕是十分出色的捕猎者，鱼类、海龟、海蛇都是它的捕食对象，有时它们也会把鸟类和哺乳动物纳入捕猎范围。

鸟类档案

体 长	70~90 厘米
栖息环境	海岸
食 物	鱼、海蛇等

白腹海雕有着深色的翅膀

白腹海雕的头腹都是白色的

白腹海雕通常把巢建在海岸边高大的乔木上或悬崖岩石上

白头海雕

白头海雕逐水而居，它们性情凶猛，凌空翱翔时威风凛凛，如同巡视海域的"海鸟将军"。

鸟类档案

体	长	71~96 厘米
别	称	美洲雕
食	物	鱼、水鸟等

白头海雕是美国的国鸟。

白头海雕大部分体羽呈棕色，头部和尾部羽毛为白色

白头海雕的视觉非常敏锐

白头海雕的喙和爪子上都有"利钩"

72

秃鹫

高山原野上出现了一具动物尸体，过不了多久，许多大鸟便闻讯赶来。它们在空中盘旋几圈，然后便一拥而上享受食物。这种大鸟就是秃鹫。

鸟类档案

体 长		110~140 厘米
栖息环境		山地、草原
食 物		动物尸体

秃鹫的别名有座山雕、狗头鹫等。

由于食腐的特性，秃鹫也有"草原清洁工"的称号。

通体黑褐色

头、颈部裸露，只有短短的绒羽

喙粗壮，可以啄破皮肉

73

安第斯神鹫

安第斯神鹫是飞行鸟类中的"巨人"，若将双翼展开，翼展能超过 3 米。不过，尽管拥有庞大的身躯，它们却不会攻击活着的动物，而是以动物的尸体为食。

鸟类档案

别 称	高山神鹫
栖息环境	草原、山地等
食 物	动物尸体

安第斯神鹫可以依靠风和上升的热气流滑行。

白色的羽领

雄鸟头上有肉冠

锋利的喙可以轻易撕开尸体的皮

鹗

鹗又被称为"鱼鹰"，是捕鱼高手。它们飞行在水面上，用锐利的眼睛搜寻着鱼儿的踪影，一有发现便迅速俯冲而下，伸出爪子抓捕。

鸟类档案

体长	50~60 厘米
栖息环境	湖泊、海岸
食物	鱼类等

鹗是世界上唯一一种可以全身冲入水中抓鱼的猛禽。

头顶有黑色的纵纹

脚上有尖锐的趾爪

金雕

尖爪、利喙、高超的飞行能力与勇猛无畏的性情，让金雕成了当之无愧的"猛禽之王"。

金雕通常单独或成对活动。

锋利的钩状喙

下体羽毛呈暗褐色

爪部抓握能力很强

金雕会在山壁的凸出处筑巢

白肩雕

白肩雕是鸟类王国的顶级捕食者之一，黄鼠、野兔、水鸟等都是它们的捕食目标。仗着个头大、攻击力强，白肩雕还会抢夺其他猛禽的猎物。

鸟类档案

体	长	**73~84 厘米**
别	称	**御雕**
食	物	**哺乳动物、水鸟等**

白肩雕喜欢单独活动。

白肩雕的翼展大约有 2 米

肩部有醒目的白色斑块

灰色的喙带钩且十分锋利

爪子十分有力

苍鹰

　　苍鹰有着敏锐的视觉、锋利的爪子和灵活快速的飞行能力，是森林中有名的"猎手"。它们捕食时猛、准、狠、快，被盯上的猎物很难逃过苍鹰的利爪。

　　苍鹰的视力非常好，即使是在高空也能清楚地看到地上的猎物。

鸟类档案

体　长	46~60 厘米
栖息环境	林地等
食　物	小型哺乳动物、鸟类

苍鹰十分擅长飞翔

下体密布灰褐色和白色相间的横纹

苍鹰用利爪抓捕猎物

78

游隼

游隼是"独行侠"，常独自行动，而且它们的性情非常凶猛，即使遇到了比自己体形大很多的金雕、矛隼，也敢于发起攻击，丝毫不会退缩。

鸟类档案

体长	34~50 厘米
栖息环境	山地、海岸、河谷等
食物	小型哺乳动物、鸟类等

眼周呈黄色

钩状喙

游隼是世界上俯冲速度最快的鸟类。

游隼喜欢猎杀野鸭，因此也被称为"鸭虎"。

燕隼

燕隼虽然个头小，但捕猎能力很强，行动快如闪电，甚至能捕捉到飞行速度极快的雨燕。

鸟类档案

体长	28~35 厘米
栖息环境	开阔地、林地等
食物	鸟类、昆虫等

燕隼也被称为"青条子""蚂蚱鹰"。

燕隼常常单独或成对活动。

燕隼的眼睛比较大

头颈部主要是灰黑色

胸部呈乳白色并带有黑色纵纹

80

蛇鹫

单看蛇鹫的外表，你很难把它与猛禽联系在一起。它高挑的身材更像优雅的鹤。但蛇鹫其实十分凶猛，它们用大长腿踢、抓，在捕食时可以发挥强大的威力。

蛇鹫喜欢独来独往。

黑色的羽冠

眼睛周围有橙红色的裸露皮肤

腿的上半部分长着黑色的短绒毛

修长有力的腿

脚表面覆盖厚厚的角质鳞片

领鸺鹠

领鸺鹠（xiū liú）是中国最小的猫头鹰，个头和麻雀差不多。别看它们长得小巧可爱，却是攻击力十足的猛禽。

鸟类档案

体长	14~16 厘米
栖息环境	山地、森林等
食物	昆虫、鼠类

领鸺鹠喜欢单独活动。

圆圆的大眼睛

身上的羽毛夹杂着各种斑纹，十分漂亮

领鸺鹠的后脑勺上有两块黑斑，看上去像两只眼睛，这是它们用来迷惑天敌的。

雪鸮

雪鸮（xiāo）生活在北极地带，雪白的羽毛使其几乎能与皑皑白雪融为一体，这能让雪鸮能很好地隐藏自己，不被猎物发现。

雄性雪鸮的斑纹较少，身体颜色会随着年龄增长越来越白。

雪鸮的头部可以转动 270 度

雪鸮喜欢在白天觅食。

褐色斑纹

83

灰林鸮

　　树枝上，一只灰林鸮静静地站着。它的身体看上去圆滚滚的，圆圆的脑袋上有一双圆溜溜的大眼睛，模样萌萌的，十分可爱。

灰林鸮白天常躲在树上一动不动，黄昏和晚上才出来活动和猎食。

鸟类档案

体　长	37~43 厘米
栖息环境	山地、阔叶林等
食　物	鼠类、鸟类、昆虫

灰林鸮的头圆圆的

灰林鸮的眼睛很大

灰林鸮的羽毛呈暗灰色，有细密的斑纹

雕鸮

雕鸮是自然界出了名的"捕鼠专家"，它们的听觉敏锐，能够清晰地分辨声响并准确地定位猎物的位置。再配合上出色的视力、尖锐的喙和爪子，抓起老鼠来十拿九稳。

鸟类档案

体长	55~71 厘米
栖息环境	森林、荒野、高山等
食物	鼠类、兔、蜥蜴等

雕鸮又叫大猫头鹰。

耳簇羽可以帮助雕鸮分辨和定位声音

雕鸮的背部羽毛是暗褐色的，还带着斑纹

雕鸮一般都是单独行动。

身边鸟族

家燕

家燕会把巢筑在人类房屋的外墙壁上、屋檐下或横梁上。它们飞来飞去，用泥、枯草以及草根等材料筑成坚固的巢穴。

寒冷的冬天来临前，家燕会飞到温暖的地方生活，次年春天再飞回来。

尾巴分叉形成"燕尾"

额及喉部呈红色

背面羽毛呈蓝黑色且具有金属光泽

翅膀狭长

牛背鹭

牛背鹭因喜欢随牛活动而得名。它们就像牛的贴身清洁工，会随时随地为牛清理身上的寄生虫。

鸟类档案

体	长	50~58 厘米
别	称	黄头鹭
食	物	昆虫及寄生虫

牛背鹭常成对或小群活动。

全身的羽毛大部分是白色

颈部和头部呈橙黄色

牛背鹭的颈可以缩成"S"形

乌鸦

嘎——嘎——嘎——乌鸦哑声鸣叫着。它们的名声不太好，因为这些家伙不但聒噪，还会啄食农作物。

鸟类档案

体	长	40~54 厘米
别	称	老鸹（guā）
食	物	谷类、果实、昆虫等

乌鸦会在树上筑巢，它们习惯与众多同伴待在一起。

翅膀比尾巴长

身体大部分羽毛呈乌黑色

黑色的喙

麻雀

麻雀在我们的生活中很常见，是一群非常活泼的鸟儿，常常成群结队地生活在一起。

鸟类档案

体长	14~16 厘米
别称	家雀
食物	谷物、昆虫等

麻雀很警觉，听到声响就会飞走。

头和颈是栗褐色的

脸颊上有黑斑

一群小麻雀在雪地里觅食

身上有黑色的斑纹

90

家鸽

家鸽有一种神奇的导航能力，无论离家多远，它们都能找到回去的路。因此，鸽子在很久之前就被人们训练用来远距离传信了。

鸟类档案

 体 长 **30~33 厘米**

食 物 **谷物等**

鸽子的翅膀较长，而且拥有强有力的飞行肌肉

身体呈纺锤形

颈部羽毛有金属光泽

家鸽是由原鸽驯化而成的。

画眉

画眉个头中等，善鸣好斗，在亚洲东南部的森林、灌丛及农场周边都能发现它们的踪影。画眉鸟外形非常有特色。瞧，它们的眼圈是白色的，而且眼睛上面的白色窄线向后延伸，看上去就像是画上了一道眉毛，"画眉"之名便源于此。

画眉鸟喜欢打斗，如果发生冲突，它们会用喙去啄对方，还会用爪子抓。

白色眼圈在眼后形成眼纹

两翅、尾部呈黄褐色

鹦鹉

鹦鹉是个大家族，成员众多，比如金刚鹦鹉、绯胸鹦鹉、牡丹鹦鹉等，它们的羽毛鲜艳漂亮，有的鹦鹉还会学人说话。

鸟类档案

别	称	鹦哥
栖息环境		森林、草原等
食	物	果实等

蓝黄金刚鹦鹉

金刚鹦鹉是色彩最艳丽、体形较大的鹦鹉。

下喙弯曲配合上喙啄开坚果外壳、撕裂果实或抓取种子

红绿金刚鹦鹉

牡丹鹦鹉又叫"爱情鸟"

暗绿绣眼鸟

暗绿绣眼鸟的身体小巧玲珑，是非常善于表现的"歌唱家"，鸣叫声婉转优美，深受人们喜爱。

鸟类档案

体 长	9~11 厘米
栖息环境	丛林等
食 物	昆虫、果实

暗绿绣眼鸟别名
白目眶、金眼圈等。

背部羽毛呈
橄榄绿色

醒目的白色眼圈是
绣眼鸟名字的由来

黑色的喙

金丝雀

金丝雀有一副好嗓子，叫声优美动听，宛如天籁。金丝雀种类繁多，有的全身金黄，有的通身洁白，颜色各异。

鸟类档案

体	长	12~14 厘米
别	称	芙蓉鸟
食	物	种子、果实等

圆锥形的喙

金丝雀的原始毛色是黄色或绿色，有黑色的条纹和斑点

叫声悠扬动听的是雄鸟，而雌鸟的鸣声则比较单调。

八哥

八哥全身覆盖着黑色羽毛，加上冠状的鼻羽，让它看起来像是头戴礼帽的绅士。八哥是鸟类中的"口技大师"，能模仿其他鸟类的鸣叫声，还能模仿人类说话。

鸟类档案

体	长	23~28 厘米
别	称	鸲鹆（qú yù）
食	物	果实、种子、昆虫

竖直的羽簇冠羽

翅膀的黑色羽毛中夹杂着白色羽毛

八哥飞行时翅膀的白斑看起来就像一个"八"字，这便是八哥名字的由来。

暗黄色的脚

喜鹊

喜鹊是常见的鸟类之一，无论是城市、乡村，还是农田、郊区都有它们的身影。

在中国传统文化中，喜鹊被视为吉祥鸟。

鸟类档案

体长	45~50 厘米
别称	鹊
食物	昆虫、种子等

喜鹊的头、颈、背部羽毛呈黑色

翅膀具有蓝色的金属光泽

喜鹊的尾巴很长

鹅

鹅生性好斗，倘若不小心被激怒，它们会愤怒地张开翅膀，伸着长长的脖子发动进攻。这时，那尖尖的大喙就变成了最有杀伤力的武器。

鸟类档案

体 重 **4~15 千克**
食 物 **谷物、水生植物等**

鹅的喙宽而扁，啄人的时候很疼

鹅的前额有肉瘤

家鹅是从雁类驯化而来的。欧洲的鹅是灰雁的后代，而中国的鹅源自鸿雁。

鹅的游泳能力比较强

鹅的脚上有蹼

98

鸡

鸡是我们再熟悉不过的鸟类，它们在几千年前就被人类驯化了。鸡为人们提供蛋和肉，在没有钟表的年代里，雄鸡还会通过打鸣唤醒沉睡的人们。

鸟类档案

| 体重 | 2~6 千克 |
| 食物 | 谷物、蠕虫等 |

雄鸡的肉冠比较大

雄鸡的羽毛艳丽

肉垂

母鸡体形相对较小，羽毛相对暗淡

小鸡

母鸡5~8个月大的时候就可以产蛋了。

家鸡的祖先是原鸡。

不会飞的鸟儿

鸵鸟

鸵鸟的体形巨大，虽然不会飞，却是跑步健将。
当鸵鸟奔跑起来，时速可以达到 80 千米。

鸵鸟的双腿非常强壮有力，既
能快速奔跑，也能作为攻击的武器。

鸵鸟的脖子上覆盖
着短绒毛

鸵鸟的脖子
长而灵活

尾羽蓬松而
向下垂

足上有两趾

101

南极企鹅

　　企鹅生活在冰天雪地的南极，是古老的游禽，也是不会飞的大鸟。企鹅走起路来一摇一摆的，憨态可掬，黑白相间的羽毛，让它们看起来像个可爱的小绅士。

企鹅全身有很多脂肪

企鹅的羽毛十分御寒

企鹅虽然不会飞，但却是游泳和潜水的高手。因此，企鹅大部分时间在水中活动。

生活在南极的企鹅有很多种，比如个头最大的帝企鹅、优雅的王企鹅、数量最多的阿德利企鹅……

鸟类档案

体高	46~130 厘米
栖息环境	南极
食物	鱼类、磷虾等

帝企鹅喜欢聚在一起，这样可以更好地抵御南极的严寒和风暴

企鹅的翅膀像一双有力的"船桨"

企鹅的羽毛细小且呈鳞片状

企鹅赶路时，会用肚子滑行，这样比走起来更快

加拉帕戈斯企鹅

热带有企鹅吗？你大概觉得这是不可能的吧。其实，在热带也可以看见企鹅的身影。加拉帕戈斯企鹅就生活在赤道附近，它是所有企鹅中生活区域最靠北的企鹅。

加拉帕戈斯企鹅生活在加拉帕戈斯群岛上。

加拉帕戈斯企鹅虽然生活在热带，但它们更喜欢在冷水中觅食和调节体温。

体背主要呈黑色

小蓝企鹅

大多数企鹅都是黑白相间的配色，小蓝企鹅却拥有特别的蓝色"外衣"。另外，小蓝企鹅个头娇小，是企鹅家族中体形最小的成员。

鸟类档案

体高	40~45 厘米
栖息环境	南太平洋海岸
食物	鱼、虾等

小蓝企鹅又被称为"神仙企鹅"。

白天，小蓝企鹅会出海寻找食物，傍晚才会返回栖息地。

头部和背部的羽毛呈靛蓝色

腹部的羽毛为白色

孔雀

说起最美的鸟儿，一定会有人想到孔雀。雄性孔雀长着一身华丽的羽毛，拖着长长的尾屏。有时，它们还会展开尾屏，此时孔雀就变得更加华美靓丽了。

鸟类档案

称	誉	**百鸟之王**
栖息环境		**森林边缘、农田周边**
食	物	**种子、浆果等**

孔雀的大尾屏上，散布着"眼状斑"

尾屏有一米多长

雄孔雀会在繁殖期开屏。

鸸鹋

　　鸸鹋（ér miáo）是澳大利亚特有的鸟类，外形有些像鸵鸟，不仅长得像，不会飞和跑得快的特点也很一致。

鸸鹋能以每小时 50 千米的速度奔跑。

头部的羽毛比较少

喙比较扁平

灰褐色的羽毛

鸸鹋的翅膀很小，隐藏在体羽之下

在鸸鹋的家庭里，孵卵和抚育幼鸟的责任由雄鸟承担。

鹤鸵

鹤鸵脾气暴躁，行为难以预测，它拥有强劲有力的双腿，长着匕首一样的利爪。当它们生气时，会展现出强大的攻击力。被吉尼斯世界纪录认定为"世界上最危险的鸟类"。

鸟类档案

体 高		150~180 厘米
栖息环境		热带雨林
食 物		果实、昆虫等

鹤鸵的翅膀已经退化

头上有一个角质头冠

鹤鸵的羽毛像粗粗的毛发

脖子前面有两个鲜红的肉垂

鹤鸵还有一个名字——食火鸡。

松鸡

松鸡生活在海拔 1500~2200 米的针叶林里，它们不擅长飞翔，仅有的飞行能力只能让松鸡扇动翅膀飞上树枝，或者从树上向下滑翔。

鸟类档案

别　称	林鸡
栖息环境	高山林带
食　物	树芽、浆果等

雄性松鸡体长有 74~90 厘米

灰紫色的羽毛

雌性松鸡

胸部有蓝绿色光泽

繁殖季节，雄性松鸡会翘起尾巴，如同开屏一样，然后边叫边跳。

柳雷鸟

　　柳雷鸟有一个神奇的本领：它们的羽毛颜色会随着季节的变化而变化。不信你瞧，在冰天雪地的冬天，它们的羽毛变成了白色，和雪地的颜色相得益彰；夏天，它们的羽毛以栗褐色为主，还点缀着褐色斑纹……

鸟类档案

别　称	雷鸟
栖息环境	冻原、草甸
食　物	树芽、种子等

眼上有半月形红斑

柳雷鸟可以飞行，但不能远飞，更擅长快速奔跑。

柳雷鸟的喙粗壮而短

换羽可以让柳雷鸟在不同季节更好地隐藏在周围的环境中，避开天敌。

花尾榛鸡

花尾榛鸡也被称为"飞龙"，它们常在森林中漫步，如果遇到危险就会快速地奔跑，有时也会扇动翅膀飞个两三米。

鸟类档案

体 长	30~38 厘米
栖息环境	针叶林
食 物	嫩枝、果实等

冠羽

雄性花尾榛鸡的眼睑呈鲜红色

雄性花尾榛鸡的喉部呈深黑色

棕褐色与白色相间的斑纹

花尾榛鸡生活在我国大兴安岭、小兴安岭、长白山等地。

红腹锦鸡

传说，有一种鸟儿身披七彩华羽，是凤凰遗落人间的化身，这就是红腹锦鸡。红腹锦鸡的羽毛在阳光的照射下金光闪闪。

鸟类档案

别 称 金鸡

栖息环境 山区竹林等

食 物 植物、昆虫等

求偶或争夺配偶时，雄性红腹锦鸡会相互打斗。

雌鸟个头较小，羽毛颜色较暗淡，主要是黄褐色，带有深色带状斑

雄鸟头顶有耀眼的金色丝状羽冠

尾羽很长，呈黄褐色并具黑色斑点

下腹呈鲜艳的红色

鹌鹑

鹌鹑是一种古老的鸟类，在 5000 多年前的古埃及壁画中就有鹌鹑的身影。鹌鹑的翅膀比较短，因此飞不了太高太远。

鸟类档案

别 称 鹑鸟

栖息环境 草丛、灌木丛等

食 物 谷物、种子等

鹌鹑有白色的眉纹

鹌鹑身上的羽毛呈麻黄色

鹌鹑的蛋上有黑褐色的斑纹

113

灰山鹑

灰山鹑的身体圆滚滚的，十分可爱。它们性情活泼，非常擅长奔跑。灰山鹑可以飞行，但是飞不了太远就需要降落，因此它们多数时间在陆地上活动。

鸟类档案

体 长	29~31 厘米
栖息环境	灌木丛、草地
食 物	嫩叶、昆虫等

灰山鹑雄鸟和雌鸟的羽毛颜色差不多。

冬天，灰山鹑会聚在一起取暖

脸及喉部偏橘黄色

上胸呈灰色

胸部两侧有宽阔的栗色横纹